BEI GRIN MACHT SICH IHR WISSEN BEZAHLT

- Wir veröffentlichen Ihre Hausarbeit, Bachelor- und Masterarbeit

- Ihr eigenes eBook und Buch - weltweit in allen wichtigen Shops

- Verdienen Sie an jedem Verkauf

Jetzt bei www.GRIN.com hochladen und kostenlos publizieren

Andreas Vetter

Varianz- und Verteilungs-Betrachtungen für Finanzdaten mit Bezug zum Black-Scholes Modell

GRIN Verlag

Bibliografische Information der Deutschen Nationalbibliothek:

Die Deutsche Bibliothek verzeichnet diese Publikation in der Deutschen National-
bibliografie; detaillierte bibliografische Daten sind im Internet über http://dnb.d-
nb.de/ abrufbar.

Impressum:

Copyright © 2008 GRIN Verlag GmbH
Druck und Bindung: Books on Demand GmbH, Norderstedt Germany
ISBN: 978-3-640-87180-3

Dieses Buch bei GRIN:

http://www.grin.com/de/e-book/168854/varianz-und-verteilungs-betrachtungen-
fuer-finanzdaten-mit-bezug-zum-black-scholes

GRIN - Your knowledge has value

Der GRIN Verlag publiziert seit 1998 wissenschaftliche Arbeiten von Studenten, Hochschullehrern und anderen Akademikern als eBook und gedrucktes Buch. Die Verlagswebsite www.grin.com ist die ideale Plattform zur Veröffentlichung von Hausarbeiten, Abschlussarbeiten, wissenschaftlichen Aufsätzen, Dissertationen und Fachbüchern.

Besuchen Sie uns im Internet:

http://www.grin.com/

http://www.facebook.com/grincom

http://www.twitter.com/grin_com

Varianz- und Verteilungs-Betrachtungen für Finanzdaten mit Bezug zum Black-Scholes Modell

Bachelorarbeit eingereicht im Rahmen der Bachelorprüfung
im Studiengang Mathematik
des Fachbereiches Mathematik
der Technischen Universität Kaiserslautern

von:
Andreas Vetter

Abgegeben im April 2008

Inhaltsverzeichnis

0. MOTIVATION..1

1. EINLEITUNG..2

    1.1. MODELLIERUNG DES AKTIENKURSES MIT DEM LOG-LINEAREN ANSATZ.....................2
    1.2. STOCHASTISCHE PROZESSE UND BROWNSCHE BEWEGUNG...2
    1.3. DIE BLACK-SCHOLES-FORMEL 3

2. WICHTIGE VERTEILUNGEN 5

    2.1. NORMALVERTEILUNG 5
    2.2. χ^2-VERTEILUNG 5
    2.3. F-VERTEILUNG 5
    2.4. T-VERTEILUNG (STUDENT-VERTEILUNG) 6
    2.5. DICHTE DER T_4-VERTEILUNG MIT VARIANZ 1 6

3. F-TEST..8

    3.1. DAS MODELL...8

4. SIMULATION UND INTERPRETATION DER ERGEBNISSE 9

    4.1. DURCHFÜHRUNG DER SIMULATION 9
    4.2. PROGRAMMIERUNG DES F-TESTS 11
    4.3. ERGEBNIS UND INTERPRETATION 12

5. TEST MIT REALEN DATEN...15

    5.1. PRÜFEN DER MODELL-VORAUSSETZUNGEN FÜR DIE REALEN DATEN 15
    5.2. TESTERGEBNISSE...20

6. BEZUG ZUM BLACK-SCHOLES-MODELL..21

QUELLENVERZEICHNIS..22

0. Motivation

Aktienkurse sind von großer Unsicherheit geprägt, da genaue Vorhersagen über Kurswerte nicht möglich sind. Dies liegt daran, dass die Aktienkurse sehr vielen Einflüssen unterliegen, wie z.B. der allgemeinen Marktsituation, der Firmenstrategie, politische Ereignisse usw. Aus diesem Grund werden Modelle gesucht, die Aktienkurse möglichst genau beschreiben, um diese Unsicherheit zu verkleinern oder gar zu beseitigen. Dabei wählt man gerne stochastische Modelle, um Aktienkurse zu modellieren, weil man annimmt, dass die Kurse zumindest zu einem gewissen Anteil zufällig verlaufen und somit auch nicht exakt vorherzusagen sind.

Den Anfang zum Thema stochastische Modellierung machte im Jahr 1900 Louis Bachelier mit seiner Disertation. Ein wichtiges Ergebnis für die moderne Finanzmathematik lieferten 1973 Black und Scholes mit ihrer Black-Scholes Formel zur Bewertung von Preisen europäischer Optionen. Das Modell basiert auf der Arbitrage-Theorie, in der keine risikolosen Gewinne existieren, da davon ausgegangen wird, dass diese sofort von den Marktteilnehmern erkannt und über eine Preisanpassung eliminiert werden. Das Black-Scholes Modell wurde wegen seiner Einfachheit sehr beliebt in der Praxis und wird auch heute noch verwendet. Die Volatilität spielt im Black-Scholes Modell eine wichtige Rolle, da sie als einzige Größe im Modell unbekannt ist. Diese muss geschätzt werden, womit wir im Bereich Statistik sind.

In der Finanzwelt spielt die Statistik eine große Rolle, wenn es darum geht bestimmte Parameter für ein Modell zu schätzen. Dabei muss man sich auf aktuelle bzw. vergangene Kurswerte beschränken. Auch die Volatilität muss auf diese Art und Weise bestimmt bzw. geschätzt werden. Somit könnte man die Statistik als eine Schnittstelle zwischen den theoretischen Modellen und der Realität betrachten.

Im Rahmen dieser Bachelorarbeit konzentrieren wir uns ausschließlich auf das Black-Scholes Modell. Nach einer kurzen Einführung bezüglich des Modells soll das Verhalten von Kurswerten zunächst theoretisch mit Hilfe von simulierten Zufallswerten betrachtet werden, bevor reale Finanzdaten analysiert werden. Dabei werden auch Tests bezüglich Parameter-Schätzwerten durchgeführt. Hier wird besonders auf die Varianz eingegangen. Schließlich sollen Abweichungen zwischen theoretischem Modell und Realität betrachtet werden, wobei vor allem die Verteilung der realen Werte analysiert wird.

1. Einleitung

1.1. Modellierung des Aktienkurses mit dem log-linearen Ansatz

Zunächst stellt sich die Frage: „Wie modelliert man einen Aktienkurs?"

Es gibt verschiedene Möglichkeiten diese Frage zu beantworten. Es soll hier der sogenannte log-lineare Ansatz gewählt werden. Im Folgenden wird nur die Idee für diesen Ansatz beschrieben, dabei folgen wir den Darlegungen in [3.].

Wir betrachten uns zunächst ein risikoloses Wertpapier, genannt „Bond" mit Preis zum Zeitpunkt t=0 $K(0)=0$. Wir wollen nun die Preisentwicklung des Bonds wie ein Sparguthaben modellieren. Ein solches Sparguthaben K folgt bei kontinuierlicher Verzinsung der Vorschrift

$$K(t)=K_0\, e^{rt}$$

zu einem Zeitpunkt t mit dem Startkapital K_0 und einer festen Zinsrate r.

Nun stellen wir uns einen Aktienkurs ähnlich wie ein Bond vor, nur dass sich der Aktienpreis gemäß einer zufälligen Störung um den Bondpreis bewegt. Als Ausgleich für das Risiko, dass sich aus dieser Störung ergibt, wählt man eine höhere Zinsrate r'. Da der Logarithmus des Bondpreises linear ist, legt dies den sogenannten log-linearen Ansatz für den Aktienkurs S nahe:

$$\ln(S(t))=\ln(S_0)+r'+\omega(t)$$

wobei $\omega(t)$ die „zufällige Störung" darstellen soll.

Für $\omega(t)$ werden verschiedene Eigenschaften gefordert, z.B.:

- $E(\omega)=0$, d.h. ω hat keine Tendenz
- ω ist abhängig von der Zeit t
- ω stellt die Summe der Abweichungen von $\ln(S(t))$ von $\ln(S(0))+r't$ dar

Man modelliert $\omega(t)$ mit einer Brownschen Bewegung.

1.2. Stochastische Prozesse und Brownsche Bewegung

In diesem Abschnitt wird die Brownsche Bewegung eingeführt, da das Black-Scholes Modell auf diesem Ansatz aufbaut.

Definition (Filterung):

(Ω,F,P) sei ein vollständiger Wahrscheinlichkeitsraum. Eine Familie $\{F_t\}_{t\in I}$ von Sub-σ-Algebren von F mit einer geordneten Indexmenge I für die $F_s \subset F_t$ mit $s<t$, $s,t\in I$ gilt, heißt Filterung.

Mit Hilfe von Filterungen werden beobachtete Ereignisse (z.B. Aktienkurs-Werte) bis zu einem Zeitpunkt $t\in I$ modelliert.

Definition (Stochastischer Prozess mit Filterung):

Eine Menge $\{(X_t, F_t)\}_{t\in I}$ bestehend aus einer Filterung $\{F_t\}_{t\in I}$ und einer Familie von $\mathbb{R}^n$-wertigen Zufallsvariablen $\{X_t\}_{t\in I}$, wobei X_t F_t-messbar ist, heißt stochastischer Prozess mit Filterung $\{F_t\}_{t\in I}$.

Definition (Brownsche Bewegung) :

Eine Brownsche Bewegung ist ein reellwertiger stochastischer Prozess $\{W_t\}_{t\in I}$ mit folgenden Eigenschaften:

    i. $W_0 = 0$ P-fast sicher
    ii. $W_t - W_s \sim \mathcal{N}(0, t-s)$ für $0 \leq s < t$ „stationäre Zuwächse"
    iii. $W_t - W_s$ unabhängig von $W_u - W_r$ für $0 \leq r < u < s < t$ „unabhängige Zuwächse"

Die Brownsche Bewegung mit Drift μ und Volatilität σ:

$$X_t := \mu\, t + \sigma\, W_t \quad \text{mit } \mu, \sigma \in \mathbb{R} \text{ und } t \geq 0$$

Unter der Annahme, dass der Aktienkurs S_t diesem Modell folgt, erfüllt S_t folgende stochastische Differentialgleichung

$$dS_t = \mu\, S_t\, dt + \sigma\, S_t\, dW_t$$

Es ergibt sich für die Rendite des Aktienkurses:

$$\frac{dS_t}{S_t} = \mu\, dt + \sigma\, dW_t$$

Der Renditen-Prozess ist somit eine geometrische Brownsche Bewegung.

1.3. Die Black-Scholes-Formel

Auch heute noch wird das bereits 1973 publizierte Black-Scholes Modell für Preise von Optionen häufig verwendet. Dieses Modell basiert auf den oben genannten Annahmen und Definitionen, wobei das Black-Scholes-Modell für europäische Call-Optionen, geschrieben auf ein Wertpapier S mit Ausübungspreis K, Ausübungszeitpunkt T und Auszahlung $C(T) = \max\{S(T) - K, 0\}$ betrachtet wird. Zusätzlich wird angenommen, dass der Drift μ und die Volatilität σ konstant sind. Unter diesen Voraussetzungen gilt:

Black-Scholes-Formel für eine europäische Call-Option C:

$$C(t) = S(t) \cdot \Phi\big(d_1(t)\big) - K \cdot \Phi\big(d_2(t)\big) \cdot e^{-r(T-t)} \quad \text{mit}$$

$$d_1(t) = \frac{\ln\left(\frac{S(t)}{K}\right) + \left(r + \frac{1}{2}\sigma^2\right)(T-t)}{\sigma\sqrt{T-t}}$$

$$d_2(t) = d_1(t) - \sigma\sqrt{T-t}$$

wobei Φ die Verteilungsfunktion der Standard-Normalverteilung ist und r die konstante Zinsrate darstellt.

In dieser Formel sind alle Parameter bekannt, bis auf die Volatilität σ. σ wird aus Vergangenheitswerten des Aktienkurses geschätzt.

Modellieren wir den Aktienkurs S_t als eine geometrische Brownsche Bewegung, so sind die logarithmierten relativen Zuwächse (log-Renditen) gegeben durch

$$R_t = \ln \frac{S_t}{S_{t-1}}, t = 1, \dots, n$$

Dabei ist R_t der Zuwachs $Y_t - Y_{t-1}$ des logarithmierten Aktienkurses $Y_t = \ln(S(t))$. R_t ist eine unabhängig identisch normalverteilte Zufallsvariable und besitzt somit die Varianz

$$\text{Var}(R_t) = \sigma^2$$

(siehe [1.], S. 92 ff).

Die unbekannte Varianz schätzen wir in der Simulation für verschiedene Stichproben sowohl für generierte Zufallszahlen, die einer bestimmten Verteilung unterliegen, als auch für reale Finanzdaten. Wir wollen uns dann betrachten, welcher Verteilung die Renditen wirklich folgen und auch ob die Varianz verschiedener Perioden gleich ist. Die Gleichheit bezüglich der Varianz wird mit dem F-Test überprüft. Am Schluss wollen wir also wissen, in wie weit die Voraussetzungen für das Black-Scholes Modell in der Realität wirklich zutreffen und wo es Abweichungen gibt.

2. Wichtige Verteilungen

Für die folgenden Betrachtungen über den F-Test und die Verteilung der Finanzdaten werden verschiedene Verteilungen benötigt. Diese werden in diesem Kapitel aufgeführt.

(Für 2.1 bis 2.4 siehe [4.])

2.1. Normalverteilung

Die Verteilung mit der Dichte

$$\varphi_{\mu,\sigma^2}(x) = \frac{1}{\sqrt{2\pi\sigma^2}} e^{-\frac{(x-\mu)^2}{2\sigma^2}}, x \in \mathbb{R}$$

für $\mu \in \mathbb{R}$, $\sigma > 0$ heißt die **Normalverteilung** mit Parametern μ, σ (kurz: $\mathcal{N}(\mu,\sigma^2)$). Wobei μ der Erwartungswert und σ^2 die Varianz einer normalverteilten Zufallsvariable ist. Für die Parameter $(\mu,\sigma)=(0,1)$ heißt die Verteilung **Standardnormalverteilung**.

Die log-Renditen einer geometrischen Brownschen Bewegung sind normalverteilt.

2.2. χ^2-Verteilung

Seien $X_1,...,X_n$ ui- $\mathcal{N}(0,1)$ verteilt. Dann ist $Z := \sum_{i=1}^{n} X_i^2$ χ^2-verteilt mit n Freiheitsgraden (χ_n^2 − verteilt). χ_n^2 hat die Dichte

$$f_n(z) = 2^{-\frac{n}{2}} \frac{1}{\Gamma(\frac{n}{2})} z^{\frac{n}{2}-1} e^{\frac{n}{2}}$$

Die χ^2-Veteilung wird beim F-Test eine Rolle spielen.

2.3. F-Verteilung

Seien $X_1,...,X_n$ und $Y_1,...,Y_m$ ui- $\mathcal{N}(0,1)$ verteilt. Dann ist

$$U = \frac{m}{n} \cdot \frac{(X_1^2 + \cdots + X_n^2)}{(Y_1^2 + \cdots + Y_m^2)}$$

F-verteilt mit n und m Freiheitsgraden ($F_{n,m}$-verteilt). Die F-Verteilung besitzt die Dichte

$$f_{n,m}(u) = \frac{\Gamma(\frac{n+m}{2}) \cdot (\frac{n}{m})^{\frac{n}{2}}}{\Gamma(\frac{n}{2}) \cdot \Gamma(\frac{m}{2})} \cdot \frac{u^{\frac{n}{2}-1}}{(1+\frac{n}{m}u)^{\frac{n-m}{2}}}, \ u > 0$$

Die Teststatistik des F-Tests ist $F_{n,m}$-verteilt.

2.4. t-Verteilung (Student-Verteilung)

Seien $X_0, X_1, ..., X_n$ unabhängig, identisch- $\mathcal{N}(0,1)$ verteilt. Dann ist

$$V = \frac{\sqrt{n}X_0}{\sqrt{X_1^2 + \cdots + X_n^2}}$$

t-verteilt mit n Freiheitsgraden (t_n-verteilt). Die t_n-Verteilung hat die Dichte

$$f_n(t) = \frac{1}{\sqrt{n\pi}} \frac{\Gamma(\frac{n+1}{2})}{\Gamma(\frac{n}{2})} (1 + \frac{t^2}{n})^{-\frac{n+1}{2}}$$

Die t-Verteilung wird bei der Approximation der realen Daten eine wichtige Rolle spielen.

2.5. Dichte der t_4-Verteilung mit Varianz 1

Im Folgenden werden wir die Renditen sowohl durch die Standardnormalverteilung, als auch durch die t_4-Verteilung simulieren. Die Zufallsvariablen $X\sim \mathcal{N}(0,1)$ und $Y^*\sim t_4$ müssen also vergleichbar sein. Für den Erwartungswert von X und Y gilt: $E(X)=E(Y^*)=0$.

Für die Varianz von X gilt: $Var(X)=1$. Die Varianz von Y^* ist: $Var(Y^*)=\frac{n}{n-2}=2$. Wir müssen also Y^* auf Varianz 1 skalieren.

Allgemein gilt für die Varianz einer Zufallsvariable Y:

$$Var(\frac{Y}{a}) = \frac{1}{a^2} Var(Y) \text{ mit } a \in \mathbb{R} \setminus \{0\}$$

Wir betrachten also die Zufallsvariable $Y := \frac{Y^*}{\sqrt{2}}$ anstatt Y^*. Somit gilt immer noch $E(X)=E(Y)=0$, aber $Var(X)=Var(Y)=1$.

Schließlich bestimmen wir noch die Dichtefunktion für Y:

$$f_n(t) = \frac{1}{\sqrt{n\pi}} \frac{\Gamma(\frac{n+1}{2})}{\Gamma(\frac{n}{2})} (1 + \frac{t^2}{n})^{-\frac{n+1}{2}}$$

ist die Dichte einer t_n-verteilten Zufallsvariablen T mit n Freiheitsgraden, wobei $\Gamma(x) = \int_0^\infty t^{x-1}e^{-t}dt$ die Gamma-Funktion ist.

Um die Dichte von Y zu bestimmen, wenden wir den Transformationssatz für Dichten an:

Satz: (Transformationssatz für Dichten)

Sei X reellwertige Zufallsvariable mit Dichte f. h: $\mathbb{R} \to \mathbb{R}$ sei eine streng monotone C^1-Funktion. Dann besitzt $Y=h(X)$ die Dichte $g(y)=f(h^{-1}(y)) \cdot |(h^{-1})'(y)|$.

Beweis: Sei $A \in \mathcal{B}(\mathbb{R})$. Dann gilt

$$P_Y(A) = P(Y \in A) = P(h^{-1}(y) \in h^{-1}(A)) \underset{H^{-1}(Y)=X}{=} P_X(h^{-1}(A)) = \int_{h^{-1}(A)} f(x)\, dx \underset{\text{Trafosatz}}{=} \int_A f(h^{-1}(y))\, |(h^{-1})'(y)|\, dy$$

■

Sei nun f die Dichtefunktion der t_4-Verteilung und $Y = \frac{Y^*}{\sqrt{2}}$, so gilt für die Dichte g von Y:

$$g(y) = \frac{1}{\sqrt{2\pi}} \frac{\Gamma(2.5)}{\Gamma(2)} (1 + \frac{t^2}{2})^{-2.5}$$

Somit ist ein direkter Vergleich zwischen X und Y möglich. Falls nicht anders erwähnt, ist im Folgenden immer die t_4-Verteilung mit Varianz 1 gemeint, wenn von der t_4-Verteilung die Rede ist.

3. F-Test

Der F-Test ist ein statistischer Test, mit dem entschieden werden kann, ob sich zwei Stichproben hinsichtlich ihrer Varianz statistisch signifikant unterscheiden. Dabei geht man vom folgenden Modell aus: (siehe [4.])

3.1. Das Modell

Seien $X_1,...,X_m$ unabhängig, identisch $\mathcal{N}$ (μ_1,σ_1^2)-verteilt und $Y_1,...,Y_n$ unabhängig, identisch $\mathcal{N}(\mu_2,\sigma_2^2)$-verteilt. Die Parameter μ_1, μ_2, σ_1^2, σ_2^2 sind alle unbekannt.

- Man testet nun folgende Hypothese:

$$H_0: \sigma_1^2 = \sigma_2^2 \quad \text{gegen} \quad H_1: \sigma_1^2 \neq \sigma_2^2$$

- Als Teststatistik verwenden wir

$$T(X,Y) = \frac{\hat{S}_m^2}{\hat{S}_n^2} \sim F_{m-1,n-1}$$

mit $\hat{S}_m^2 = \frac{1}{m-1}\sum_{i=1}^{m}(X_i - \overline{X_m})^2$ und $\hat{S}_n^2 = \frac{1}{n-1}\sum_{i=1}^{n}(X_i - \overline{X_n})^2$ als Schätzer für σ_1^2 und σ_2^2.

- Für den Annahmebereich C_0 gilt:

$$C_0 = \left\{f_{\frac{\alpha}{2}} \leq T(x,y) \leq f_{1-\frac{\alpha}{2}}\right\}$$

$f_{\frac{\alpha}{2}}$ und $f_{1-\frac{\alpha}{2}}$ sind dabei die $\frac{\alpha}{2}$- bzw. die $1 - \frac{\alpha}{2}$-Quantile der $F_{m-1,n-1}$-Verteilung.

Liegt also die Teststatistik $T(X,Y)$ im Annahmebereich, so wird die Nullhypothese H_0 nicht verworfen, sonst wird H_0 verworfen.

Den F-Test werden wir in den nächsten Kapiteln auf Stichproben simulierter und realer Daten anwenden. Damit haben wir Alles, was wir für die Durchführung der Simulation benötigen.

4. Simulation und Interpretation der Ergebnisse

4.1. Durchführung der Simulation

Die Simulation soll dazu dienen zufällige Daten zu erzeugen, die einer bestimmten Verteilung unterliegen, um später Vergleiche mit den realen Daten durchführen zu können. Im Black-Scholes Modell werden die Renditen durch eine Normalverteilung modelliert. Daher werden zunächst auch normalverteilte Zufallszahlen simuliert und dargestellt.

Zur Vereinfachung simulieren wir die Renditen R_t mit einer diskreten Indexmenge I durch

$$R_i = \mu + \sigma \, dZ_i \quad \text{mit } Z \sim \text{u.i.v. } \mathcal{N}(0,1) \text{ und } i \in I \implies R \sim \text{u.i.v } \mathcal{N}(\mu,\sigma)$$

Um mit den erzeugten Daten besser arbeiten zu können, wählen wir $\mu=0$ und $\sigma^2=1$, also $R \sim$ u.i.v $\mathcal{N}(0,1)$.

Desweiteren werden die Renditen ebenfalls mit einer diskreten Indexmenge I durch die Zufallsvariable Y simuliert, die in Kapitel 2 definiert wurde, also $Y = \frac{Y^*}{\sqrt{2}}$ wobei Y^* t_4-verteilt ist, modelliert. Für Y gilt, wie bei den normalverteilten, simulierten Renditen, Var(Y)=1 und E(Y)=0.

Bei realen Daten können wir nicht von einer bestimmten Verteilung ausgehen, wir können höchstens die Daten durch eine theoretische Verteilung approximieren. Daher wissen wir auch nicht den exakten Erwartungswert und die exakte Varianz. Diese Werte müssen also aus vergangenen Daten geschätzt werden. Dabei spielt die Stichprobengröße aus der die Parameter geschätzt werden auch eine große Rolle, da die Genauigkeit der Schätzung stark von der Stichprobengröße abhängt.

Da wir bei den simulierten Daten den Erwartungswert kennen und die Varianz und die Volatilität bei den realen Daten und auch beim Black-Scholes Modell sehr entscheidend ist, beschränken wir uns hier auf die Schätzung der Varianz. Dabei werden zuerst standardnormalverteilte, dann t_4-verteilte Zufallszahlen (mit Varianz 1) erzeugt und aus einer Stichprobe der Größe M die Varianz geschätzt. Dazu wird der erwartungstreue, konsistente Varianz-Schätzer

$$\hat{S}_M^2 = \frac{1}{M-1} \sum_{i=1}^{M} (X_i - \overline{X_M})^2$$

verwendet.

Definition (Erwartungstreue, Konsistenz):

(1) Ein Schätzer $T(X_1,...,X_n)$ für θ heißt erwartungstreu, falls

$$E_\theta(T(X_1,...,X_n)) = \theta \quad \text{für alle } \theta \in \Theta$$

gilt. Dabei stellt E_θ den Erwartungswert bzgl. der Verteilung P_θ dar.

(2) Ein Schätzer $T(X_1,...,X_n)$ für θ heißt (stark) konsistent, falls

$$T(X_1,...,X_n) \xrightarrow{\text{P für } M \to \infty} \theta$$

$$(T(X_1,...,X_n) \xrightarrow{\text{f.s. für } M \to \infty} \theta).$$

Die Erwartungstreue und Konsistenz sind Eigenschaften für „gute" Schätzer.

Für die Stichprobengröße M werden verschiedene Werte durchgerechnet. In diesem Fall ist $M \in \{10,50,100,150\}$. Die Stichproben selbst werden wie folgt aus den generierten Zufallszahlen genommen:

1. Stichprobe: $A_1 = \{R_1,...,R_M\}$

i. Stichprobe: $A_i = \{R_i,...,R_{(i-1)+M}\}$

D.h. die Stichproben sind in diesem Fall nicht disjunkt. Der Verlauf der Schätzwerte aus diesen Stichproben ist in folgender Abbildung für die Standardnormalverteilung und die t_4-Verteilung mit Varianz 1 dargestellt.

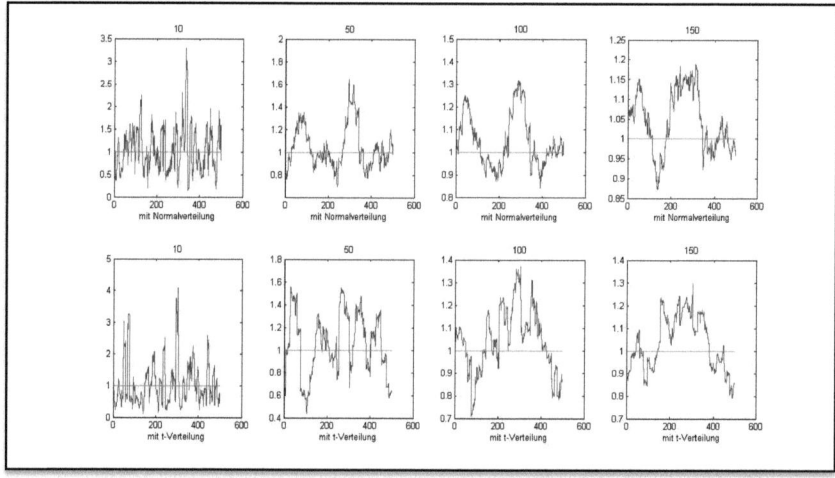

Abbildung 1 Varianz-Schätzwerte mit $N(0,1)$- und t_4-verteilten Zufallsvariablen

Zu beobachten ist, dass die Schätzwerte für große Stichproben, näher um den Wert 1 herum bewegen, als bei kleinen Stichproben. Mit normalverteilten Zufallszahlen ist dieser Effekt stärker als bei t_4-verteilten Zufallszahlen, die auf Varianz 1 normiert sind. Dieser Effekt ist auch zu erwarten, da $\hat{S}_M^2$ ein stark konsistenter Schätzer ist. D.h. $\hat{S}_M^2 \xrightarrow{\text{f.s. für } M \to \infty} \sigma^2$.

Die Schätzwerte werden nun für folgende disjunkte Stichproben betrachtet:

1. Stichprobe: $B_1 = \{R_1,...,R_M\}$

i. Stichprobe: $B_i = \{R_{1+M \cdot (i-1)},...,R_{M \cdot i}\}$

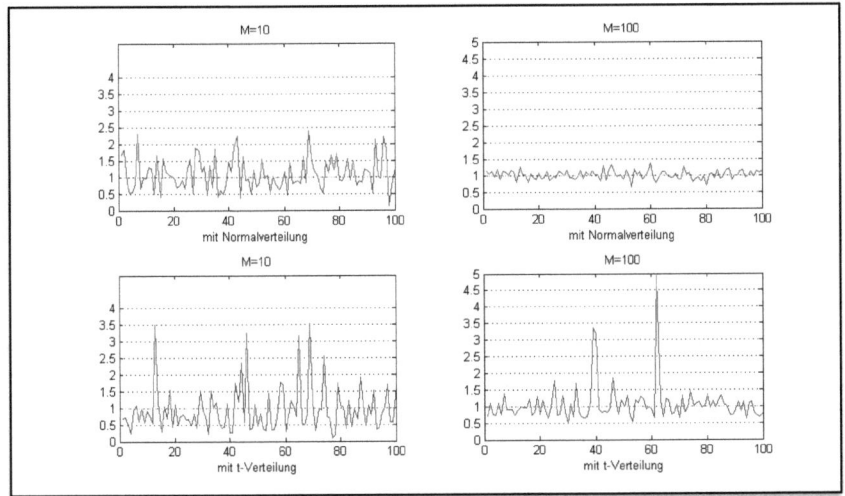

Abbildung 2 Varianz-Schätzwerte mit N(0,1)- und t_4-verteilten Zufallsvariablen bei disjunkten Stichproben

Auch hier ist besonders bei der Normalverteilung eine Konvergenz der Schätzwerte mit wachsenden M zu beobachten (wegen der Konsistenz von $\hat{S}_M^2$). Charakteristisch für die t_4-Verteilung sind die extremen Ausschläge an manchen Stellen. Wir werden später anhand der Dichte sehen, aus welchem Grund sich die Zufallswerte so verhalten.

Im nächsten Schritt werden die Stichprobenwerte mithilfe des F-Tests auf Gleichheit getestet, um das Verhalten der Schätzwerte analysieren zu können.

4.2. Programmierung des F-Tests

Das Modell für den F-Test wurde bereits in Kapitel 3 eingeführt.

Für die Programmierung des F-Tests werden $\mathcal{N}(0,1)$-verteilte und t_4-verteilte Zufallsvariablen mit Varianz 1 erzeugt, aus denen die Stichproben entnommen werden. Es wird eine feste Stichprobengröße M festgelegt (im Programm: M $\in$ {10, 100}) und die Schätzwerte $\hat{S}_M^2$ für disjunkte Stichproben der Größe M berechnet. D.h. es gilt für die Parameter und die Stichprobengrößen beim F-Test:

$$\mu_1 = \mu_2, \sigma_1^2 = \sigma_2^2 \text{ und m=n}$$

Bemerkung: Das Modell für den F-Test setzt normalverteilte Zufallsvariablen X und Y voraus. Dennoch wird der F-Test auch für t_4-verteilte Zufallszahlen durchgeführt, um das Verhalten der Stichprobenschätzwerte für diese Verteilung studieren zu können und später einen Vergleich mit realen Daten durchführen zu können.

Als Signifikanzniveaus für die F-Tests wird $\alpha \in$ {0.01, 0.05} gewählt. Daraus ergeben sich folgende Annahmebereiche C_0:

- Für $\alpha = 0.01$: $\qquad C_0 = \{ 0.153 \leq T_{10}(x,y) \leq 6.541 \}$ für M=10 und

- Für $\alpha = 0.05$:
  $C_0 = \{\, 0.593 \leq T_{10}(x,y) \leq 1.685 \,\}$ für M=100
  $C_0 = \{\, 0.248 \leq T_{10}(x,y) \leq 4.026 \,\}$ für M=10 und
  $C_0 = \{\, 0.673 \leq T_{10}(x,y) \leq 1.486 \,\}$ für M=100

Es wird zweimal eine F-Test-Serie durchgeführt. Die erste Serie mit standardnormalverteilten Zufallswerten X_i, die Zweite mit t_4-verteilten Zufallswerten Y_i. Wobei hier Y wieder die Varianz 1 besitzt.

Mit dem F-Test werden Varianz-Schätzwerte aus 2 verschiedenen Stichproben auf Gleichheit getestet. Die Größe beider Stichproben wird gleich gewählt. Da die simulierten Zufallsvariablen unabhängig sind, wählen wir für die erste Stichprobe die ersten M Zufallswerte, für die Zweite die M folgenden. Aus diesen Stichproben werden die Varianz-Schätzwerte berechnet und der F-Test durchgeführt. Für den nächsten Test werden die nächsten 2M Zufallswerte gewählt usw.

4.3. Ergebnis und Interpretation

Führt man nun den F-Test mit X und Y mit den gegebenen Stichproben M und Signifikanzniveus α durch und zählt die Anzahl der Ablehnungen von H_0, so ergeben sich folgende Werte:

# Tests	500000	500000	50000	50000
Stichprobe M	10	10	100	100
Niveau α	1%	5%	1%	5%
# Ablehnungen	5007	24882	486	2576
Prozentsatz	1.0014%	4.9764%	0.9720%	5.1520

Tabelle 1 Ergebnisse vom F-Test mit N(0,1)-verteilten Zufallsvariablen X

# Tests	500000	500000	50000	50000
Stichprobe M	10	10	100	100
Niveau α	1%	5%	1%	5%
# Ablehnungen	30893	78464	8671	14791
Prozentsatz	6.1786%	15.6928%	17.3420%	29.5820%

Tabelle 2 Ergebnisse vom F-Test mit t_4-verteilten Zufallsvariablen Y

Beim ersten Test mit X bekommt man ungefähr die erwarteten Ablehnungen, d.h. Prozentsatz der Ablehnungen $\approx \alpha$.

Auffällig ist, dass trotz gleichem Erwartungswert und Varianz, dass es bei den t_4-verteilten Zufallsvariablen zu deutlich mehr Ablehnungen kommt, als bei den standardnormal verteilten Zufallsvariablen. Die Frage ist nun: Woran liegt das?

Wir wollen zunächst die simulierten Daten betrachten. Da im F-Test Schätzwerte für die Varianzen aus verschiedenen Stichproben gleicher Größe verglichen werden, werfen wir einen Blick auf diese Schätzwerte für M=10, 100.

Aus Abbildung 2 ist sofort erkennbar, dass die Schätzwerte mit der t_4-Verteilung für M=10 an manchen Stellen deutlich höher sind als die mit der Normalverteilung. Bei M=100 bewegen sich die meisten Werte bei Normalverteilten Zufallsvariablen im Intervall [0.75, 1.25], wobei bei der t_4-Verteilung die Werte über 2 ausbrechen.

Wir wollen uns nun die Dichten der beiden Verteilungen etwas näher betrachten, um Näheres über das Verhalten der Schätzwerte sagen zu können.

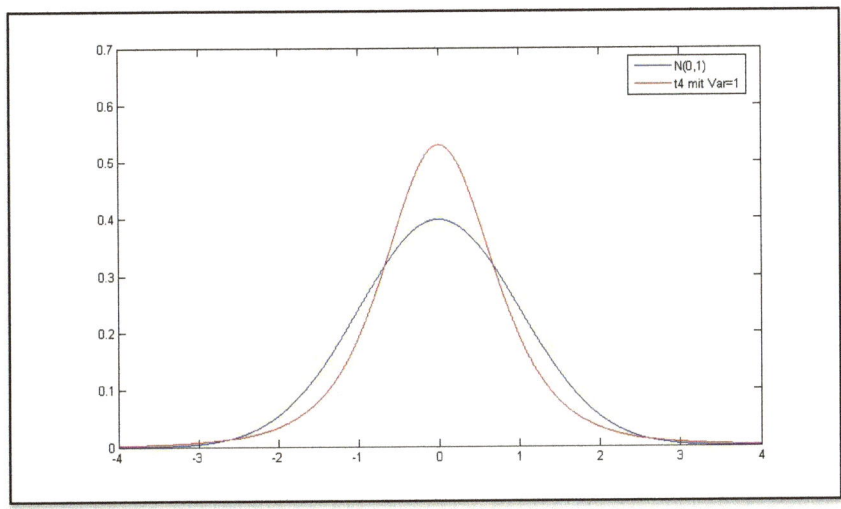

Abbildung 3 Dichte der Standardnormalverteilung und der t_4-Verteilung mit Varianz 1

Aus den Graphen kann man auf den ersten Blick nur schwer etwas Konkretes über das Verhalten der Varianzschätzwerte folgern. Deshalb sind weitere Überlegungen notwendig.

Die Varianzschätzwerte werden mit folgendem Schätzer berechnet:

$$\hat{S}_n^2 = \frac{1}{n-1} \sum_{i=1}^{n} (X_i - \overline{X_n})^2$$

Mit $\overline{X_n}$ wird der Erwartungswert geschätzt. Da der wahre Erwartungswert bei 0 liegt, wird auch $\overline{X_n}$ etwa bei 0 liegen. Wir müssen also nun die einzelnen Werte X_i betrachten. Aus den Dichten berechnet man durch

$$\int_{-a}^{a} \varphi_{\mu,\sigma^2}(x)dx = P(-a \leq X \leq a)$$

i) $P(X \in [-1,1]) = 0.6827$ $P(Y \in [-1,1]) = 0.7698$
ii) $P(X \in [-1.95,1.95]) = 0.95$ $\approx$ $P(Y \in [-1.95,1.95]) = 0.9497$
iii) $P(X \in [-2.6,2.6]) = 0.9907$ $P(Y \in [-2.6,2.6]) = 0.9787$
iv) $P(X \in [-3.3,3.3]) = 0.9990$ $P(Y \in [-3.3,3.3]) = 0.9905$

D.h. es liegen fast 9% mehr t-verteilte Werte im Intervall [0,1] als Normalverteilte und aus iv) folgt, dass einen Wert $|Y|>3$ wahrscheinlicher ist, als $|X|>3$, auch wenn es nur 1.05% sind.

In $\hat{S}_n^2$ werden diese Werte quadriert, also werden die einzelnen X_i bzw. Y_i entweder kleiner, falls $X_i, Y_i \in (-1,1)$ oder größer (bzw. gleich) im sonstigen Fall. Bei der Summe in $\hat{S}_n^2$ haben die großen Werte somit wesentlich mehr Gewicht, als die übrigen Werte. Da nun große Werte bei der t-Verteilung wahrscheinlicher sind, steigt die Wahrscheinlichkeit für große $\hat{S}_n^2$. Sind dagegen in der Stichprobe nur Werte aus [-1,1], so wird $\hat{S}_n^2$ sehr klein.

Die Teststatistik ist ein Quotient aus zwei Schätzwerten $\hat{S}_n^2$ und $\hat{S}_m^2$. Die vergleichsweise großen bzw. kleinen Schätzwerte $\hat{S}_n^2$ führen somit dazu, dass die Teststatistik $T(X,Y)$ entweder groß oder klein wird und somit im Ablehnungsbereich liegt.

Wir haben gerade gesehen, dass die t_4-Verteilung schwerere „Tails" besitzt als die Standardnormalverteilung. Diese Eigenschaft der t_4-Verteilung führt zu den häufigen Ablehnungen die den F-Tests.

Im nächsten Kapitel wird der F-Test auch mit realen Daten durchgeführt, um Aussagen über die Verteilung der Daten treffen zu können.

5. Test mit realen Daten

5.1. Prüfen der Modell-Voraussetzungen für die realen Daten

Als reale Daten betrachten wir die Tagesrenditen der BMW-Aktie und des DAX im Zeitraum von 1.1.1981 bis 31.12.1993.

Zunächst werden die Renditen in einem Histogramm dargestellt, um eine grobe Dichte der Renditen zu erhalten. Anschließend werden Erwartungswert und Varianz ermittelt. Diese werden später zum Normieren der Daten benötigt.

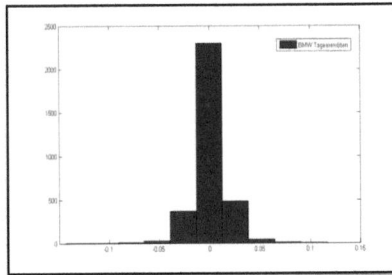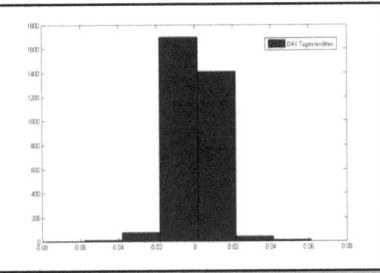

Abbildung 4 Histogramm BMW-Tagesrenditen   Abbildung 5 Histogramm DAX-Tagesrenditen

	BMW	DAX
Geschätzter Erwartungswert:	$6.9772 \cdot 10^{-4}$	$4.9569 \cdot 10^{-4}$
Geschätzte Varianz:	$2.4619 \cdot 10^{-4}$	$1.0233 \cdot 10^{-4}$

Tabelle 3 Geschätzte Parameter der Tagesrenditen

Um nun Vergleiche mit dem theoretischen Modell ziehen zu können, müssen die Voraussetzungen, die bei den normal- und t-verteilten Zufallsvariablen und dem F-Test angenommen werden, überprüfen und gegebenenfalls anpassen.

1. **Unabhängigkeit**
   Zur Beurteilung der Unabhängigkeit der Renditen betrachten wir den Rendite-Verlauf im Vergleich zu einer t_4-verteilten Zufallsvariablen mit Varianz 1. Dabei werden die Renditen auf gleichen Erwartungswert und gleiche Varianz normiert. Mehr dazu gibt es im nächsten Punkt über Erwartungswert und Varianz.

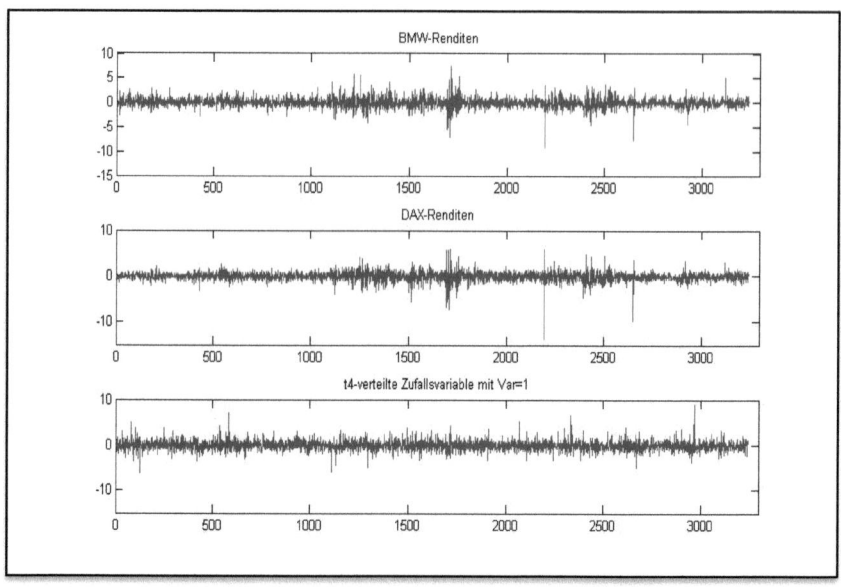

Abbildung 6 Tagesrenditen und t_4-verteilte Zufallszahlen

Als erstes fällt auf, dass die Renditen von DAX und BMW sehr ähnlich verlaufen. Es gibt Intervalle mit geringer Volatilität und Intervalle mit sehr hoher Volatilität. Da diese Intervalle beim DAX und bei BMW praktisch identisch sind, lässt dies die Folgerung zu, dass die Kurse und damit auch die Kursrenditen von gemeinsamen äußeren Faktoren, wie Marktsituation oder politische Einflüsse abhängen. Um zu überprüfen, ob die Renditen abhängig oder unabhängig sind, betrachten wir die Autokorrelation der Renditen.

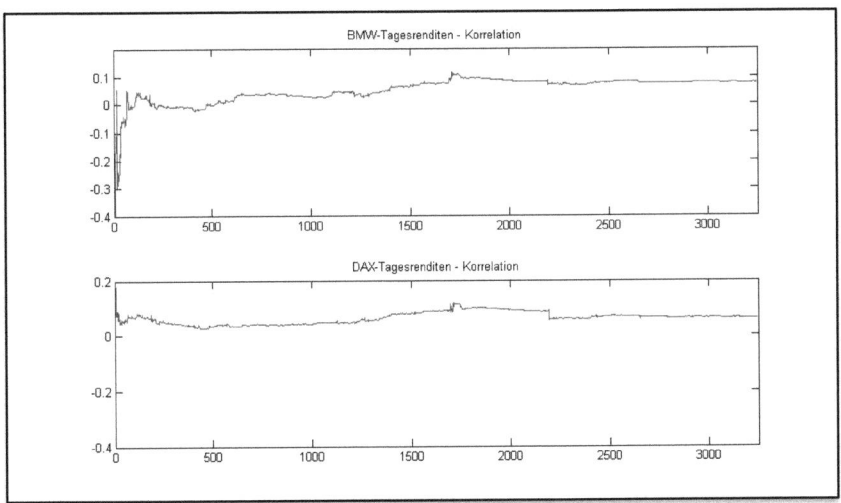

Abbildung 7 Korrelogramm von BMW- und DAX-Renditen

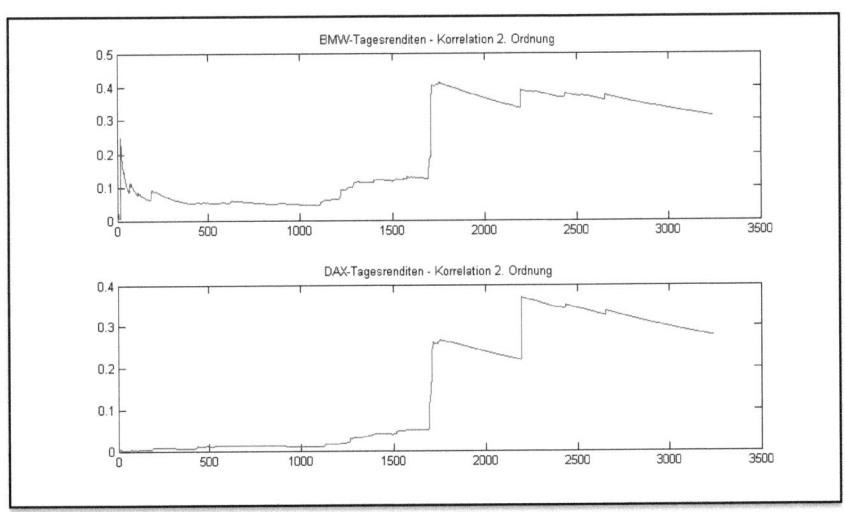

Abbildung 8 Korrelogramm für Korrelation 2. Ordnung von BMW- und DAX-Renditen

	BMW	DAX
Korrelation 1. Ordnung	0.0764	0.0620
Korrelation 2. Ordnung	0.3120	0.2771

Tabelle 4 Geschätzte Korrelation für BMW- und DAX-Renditen

Die Korrelation der einfachen Renditen liegt nahe bei Null. Bei den quadrierten Renditen stellt man eine deutliche Abhängigkeit fest. Es ist also keine Unabhängigkeit der Renditen gegeben.

2. Erwartungswert und Varianz

Sowohl der Erwartungswert, als auch die Varianz beider Renditen sind sehr gering, wie man aus Tabelle 3 erkennen kann. Da wir den F-Test auch mit diesen Daten durchführen wollen, müssen wir diese Werte an unser Modell anpassen. Wir sind von einem Erwartungswert gleich 0 und einer Varianz gleich 1 ausgegangen. Unter der Annahme der Zufälligkeit der Renditen können wir die Daten als Realisierung einer Zufallsvariable ansehen und Folgendes betrachten:

Für den Erwartungswert und die Varianz einer Zufallsvariablen X gilt allgemein:

- $E(X - b) = E(X) - b$ mit $b \in \mathbb{R}$
- $Var(aX) = a^2\, Var(X)$ mit $a \in \mathbb{R}$

Demnach gilt für die Zufallsvariable $Y := g(X) := \frac{X - E(X)}{\sqrt{Var(X)}}$: $E(Y) = 0$ und $Var(Y) = 1$.

Es werden also die normierten Daten betrachtet, die durch Y bzw. g erzeugt werden.

3. Verteilung

Wir wollen nun wissen, wie die realen Daten verteilt sind. Es wird die Verteilung der von der Funktion g erzeugten Daten betrachtet, damit ein Vergleich möglich wird.

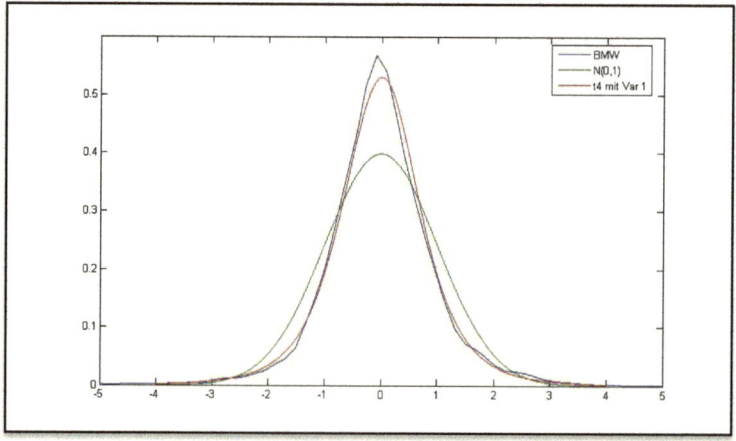

Abbildung 9 Dichte der BMW-Tagesrenditen auf EW=0 und Var=1 normiert, Dichte von N(0,1) und t_4-Verteilung

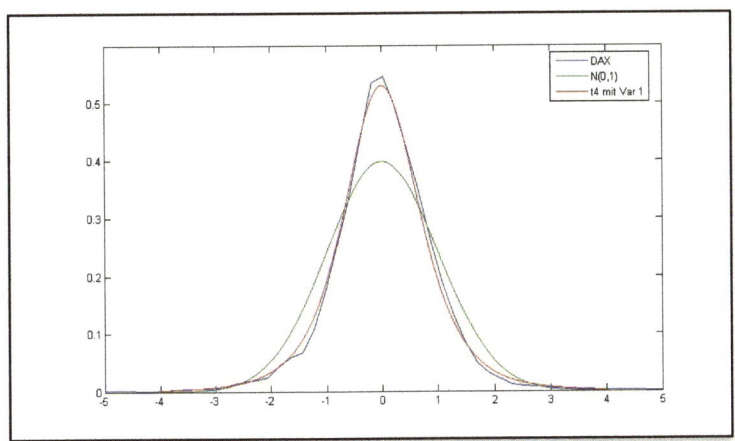

Abbildung 10 Dichte der DAX-Tagesrenditen auf EW=0 und Var=1 normiert, Dichte von $N(0,1)$ und t_4-Verteilung

Aus den Grafiken sieht man, dass man die realen Daten besser mit der t_4-Verteilung, als mit der Standard-Normal-Verteilung approximieren kann.

Vergleicht man jedoch die Renditen mit den simulierten Zufallszahlen (siehe Abb. 3), so stellt man fest, dass man damit eher kürzere Perioden modellieren kann, als längere. Die Renditen besitzen Intervalle, in denen sie sozusagen „aus der Reihe tanzen", d.h. die Renditen sind in diesem Bereich viel zu hoch im Vergleich zu den simulierten Daten. Hierzu werden Quantil-Quantil-Plots betrachtet, um weitere Aussagen darüber machen zu können, wie gut man die realen Daten mit der t_4-Verteilung approximieren kann.

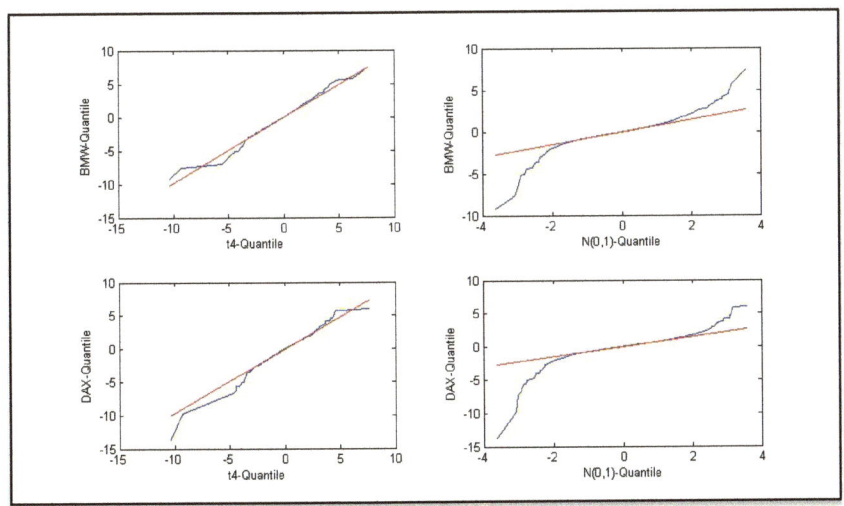

Abbildung 11 Quantil-Quantil-Plots

Man sieht auch hier, dass die t_4-Verteilung zwar eine bessere Approximation im Vergleich zur Standard-Normal-Verteilung liefert, dennoch sind hohe Renditen in der Realität häufiger, als durch die t_4-Verteilung modelliert.

Zusammenfassend lässt sich feststellen, dass die Unabhängigkeit der realen Finanzdaten nicht gegeben ist, was aber im Modell eine wichtige Voraussetzung ist. Zum Vergleich mit anderen Daten können Erwartungswert und Varianz auf eine bestimmte Größe normiert werden, es besteht hier also kein größeres Problem. Im Black-Scholes Modell wird eine Normalverteilung vorausgesetzt. Diese kann aber die realen Daten nicht wirklich zufriedenstellend approximieren, besser ist hier die t_4-Verteilung. Als nächstes werden die Ergebnisse für den F-Test mit realen Daten betrachtet.

5.2. Testergebnisse

Führt man mit den Rendite-Daten nun den F-Test durch, sind folgende Werte das Ergebnis:

# Tests	162	162	16	16
Stichprobe M	10	10	100	100
Niveau α	1%	5%	1%	5%
# Ablehnungen	12	30	10	12
Prozentsatz	7.4%	18.51%	62.5%	75.0%

Tabelle 5 Testergebnisse für BMW-Tagesrenditen

# Tests	162	162	16	16
Stichprobe M	10	10	100	100
Niveau α	1%	5%	1%	5%
# Ablehnungen	7	15	10	11
Prozentsatz	4.3%	9.3%	62.5%	68.8%

Tabelle 6 Testergebnisse für DAX-Tagesrenditen

Man stellt fest, dass für Stichproben der Größe M=10 in etwa die Anzahl der Ablehnungen mit den Ergebnissen vom F-Test mit der t_4-Verteilung übereinstimmt und erst bei großen Stichproben (M=100) die Anlehnungen deutlich höher sind. Die Abhängigkeit der Renditen und besonders die schlechte Approximation der „Tails" durch die t_4-Verteilung ist auch hier ein Grund für diese häufigen Ablehnungen. Dies konnten wir schon beim F-Test mit t_4-verteilten Daten beobachten.

6. Bezug zum Black-Scholes-Modell

Es ist klar, dass das Black-Scholes Modell auch nur ein Modell ist, das nur eine gewisse Näherung zur Realität darstellt. Die Frage ist, was man Verbessern kann, um der Realität noch näher zu kommen.

Zur Verteilung:

Das Black-Scholes Modell geht von normalberteilten Renditen aus, wie man in Kapitel 1 gesehen hat. Im Vergleich der Dichte der Renditen mit den Dichten der Normal- und t_4-Verteilung wurde festgestellt, dass die t_4-Verteilung die realen Daten viel besser approximieren konnte, als die Normalverteilung. Vor allem die schweren „Tails" konnten durch die t_4-Verteilung besser modelliert werden.

Hier stellt sich nun die Frage, ob man das Black-Scholes Modell in diese Richtung so modifizieren kann, dass es zu einer genaueren Vorhersage führt.

Zur Volatilität:

Die Volatilität im Black-Scholes Modell wurde konstant gewählt. Dies scheint für kurze Perioden eine akzeptable Annahme zu sein. Jedoch beobachtet man bei längeren Perioden Bereiche mit sehr hohen Renditen und Bereiche mit sehr niedrigen Renditen. Aus diesem Grund könnte man eine zeitabhängige Volatilität vermuten, die unter anderem auf die allgemeine Marktsituation zurückzuführen ist, da diese Bereiche mit hohen Ausschlägen der Renditen sowohl bei den DAX-Renditen, als auch bei BMW zum größten Teil übereinstimmten. Auch in diesem Punkt könnte man weitere Überlegungen zur Verbesserung des Modells anstellen.

Zur Unabhängigkeit:

Die Unabhängigkeit der Renditen kann nicht ohne Weiteres angenommen werden, da es eine deutliche Korrelation 2. Ordnung existiert. Dies zeigt eine Gewisse Abhängigkeit der Renditen, sodass man annehmen kann, dass auf geringe Renditen tendenziell wieder geringe Renditen folgen. Diese Beobachtungen kann man auch in den Darstellungen der Rendite-Verläufe feststellen. Andererseits wäre ein Modell mit abhängigen Daten sehr viel komplexer, als das Black-Scholes Modell.

Insgesamt wurden also verschiedene Abweichungen festgestellt und teilweise eine bessere Approximation gefunden. Daher kann man über diese Arbeit hinaus noch weitere Studien bezüglich der Approximation der realen Aktienkurs- bzw. Rendite-Werten anstellen. Zum Beispiel könnte man die Black-Scholes-Formel auf die berechneten Werte bezüglich verschiedener Verteilungen untersuchen, um sehen zu können, wie sich eine andere Verteilung als die Normalverteilung auswirkt und ob die Abweichung gravierend ist oder vernachlässigbar klein ausfällt.

Quellenverzeichnis

Bücher

[1.] Jürgen Franke, Wolfgang Härdle, Christian Hafner – Einführung in die Statistik der Finanzmärkte, 2. Auflage, Springer-Verlag

[2.] Ulrich Krengel – Einführung in die Wahrscheinlichkeitstheorie und Statistik, 8. Auflage, Vieweg 2005

[3.] Ralf und Elke Korn – Optionsbewertung und Portfolio-Optimierung, 2. Auflage ,Vieweg 2001

Skripte

[4.] Skript – „Eine Einführung in die Schließende Statistik" – Christina Andersson und Gerald Kroisandt – 2003

(Adresse: http://www.mathematik.uni-kl.de/~franke/down/mathstat_basics.pdf)

Internet

[5.] Datenquelle: Datensatz-Archiv des Instituts für Statistik der Ludwig-Maximilians-Universität München und des Sonderforschungsbereichs 386

http://www.statistik.lmu.de/service/datenarchiv/aktien/aktien.html